揭秘中国·古代四大发明绘本

源于中国的

YUANYU ZHONGGUO DE
HUOYAO

李航 编

吉林美术出版社 | 全国百佳图书出版单位

火药是很容易燃烧和爆炸的化学品，是制造军事武器的重要材料之一。它和指南针、造纸术、活字印刷术被称为中国古代的四大发明。

　　古时候，中国的炼丹家们经常炼制各种丹药。炼丹是需要火的，他们所用的燃料中，有硫黄、硝酸钾和木炭这三种东西。

可是，在炼制丹药的过程中，使用这些燃料有时会引起大火，甚至会造成比较严重的火灾。

　　渐渐地，炼丹家们认识到，硫黄、硝酸钾和木炭混合在一起，能成为一种非常容易燃烧的"药"。

于是，在唐朝的时候，人们干脆以硫黄、硝酸钾和木炭这三种物质作为原料，制造出了火药。这样的火药，叫黑火药或者褐色火药。

　　唐朝末年，军事家们用火药制造出了一些热
兵器，包括用弓箭发射的火药球、用抛石机抛掷
的火药环等，威力都不小。

　　北宋时期，为了增加军队的战斗力，官府还特地创办了火药作坊，专门生产火药箭、火炮、霹雳炮、震天雷等杀伤力很强的兵器，配备给军队，使军队在战场上屡屡获胜。

南宋时期，人们制造出一种"突火枪"。这种火药武器用粗竹作筒，能发射弹药，又叫"突火筒"，是最早的发射弹药的管状火器。

　　到了元朝末年，突火枪被改进成铜铸的火铳。这种新火器又被称为"铜将军"，比起突火枪，它的威力更加强大。

明朝时，出现了多种"多发火箭"，其中一种多发火箭能同时发射100支箭，称为"百虎齐奔箭"，可以说是现代多管火箭炮的雏形。

　　在明成祖争夺皇位的战争中，多发火箭就已经被使用了。

明朝还有一种用竹木制成的龙形火器，叫
"火龙出水"。它被点燃后，能在水面上空迅速
飞行一两公里，然后发射出火箭，袭击战船，
把战船烧毁。这是世界上最早的二级火箭。

有一次，一个被人称为"万户"的明朝人坐在一只安装着47个大火箭的椅子上，举着两只大风筝，想借助火箭和风筝使自己飞起来，可惜失败了。但人们很佩服万户的勇气和精神，至今还在纪念他。

在元朝初期的一场战斗中，阿拉伯军队打败了元军，还缴获了他们的火药武器。

阿拉伯人认真研究了这些战利品后，也掌握了火药武器的制造技术。

后来，火药又通过阿拉伯人传到了欧洲。

1771 年，英国人沃尔夫在源自中国的火药的基础上，研制出一种黄色的新火药。19 世纪，这种黄色火药被制造成装填炮弹的猛炸药。

　　随着技术的不断进步,人们又研制出无烟火药、双基火药、雷管等,促进了现代化的枪炮、火箭、炸弹、导弹等问世。

图书在版编目（CIP）数据

源于中国的火药 / 李航编. — 长春 ：吉林美术出版社，2023.6
（揭秘中国 ：古代四大发明绘本）
ISBN 978-7-5575-7866-4

Ⅰ．①源… Ⅱ．①李… Ⅲ．①火药－技术史－中国－古代－儿童读物 Ⅳ．①TJ41-49

中国国家版本馆CIP数据核字(2023)第012127号